JN000944

これでカンペキ！

運転免許 認知機能検査 合格対策ブック

〈監修〉
米山公啓 医学博士
吉本衞司 元・調布市自動車学校教官

永岡書店

新しい認知機能検査の変更ポイント

道路交通法改正に伴い、75歳以上の免許更新時に義務付けられている認知機能検査のテスト内容や判定区分等が変わることになりました。
ここでは主な変更点を紹介します。

1 検査項目が簡素化されました

　これまでの認知機能検査では、「時間の見当識」「手がかり再生」「時計描画」の3つのテストが出題されていましたが、新検査では「時間の見当識」「手がかり再生」の2つのテストに減り、テスト順も「手がかり再生」→「時間の見当識」に変更となりました。それに伴い、実施時間も30分から20分程度へと大幅に短縮されました。

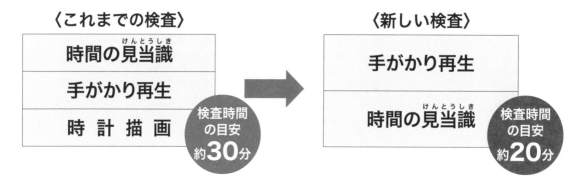

2 検査結果の判定区分が2つになりました

　これまでの認知機能検査では、検査結果で「第1分類：認知症のおそれあり」「第2分類：認知機能低下のおそれあり」「第3分類：認知機能低下のおそれなし」の3区分に分類されていました。新しい認知機能検査では、「認知症のおそれがある」「認知症のおそれなし」の2区分に分類されることになりました。

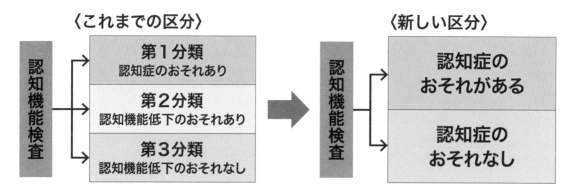

❸ タブレット受検が導入されました

受検会場によっては、筆記受検の他に、タブレット受検が可能になりました。筆記受検の場合は、これまで通り最後まで試験を受けてから採点が行われますが、タブレット受検を希望した場合は合格点に達した時点で自動的に検査終了となります。

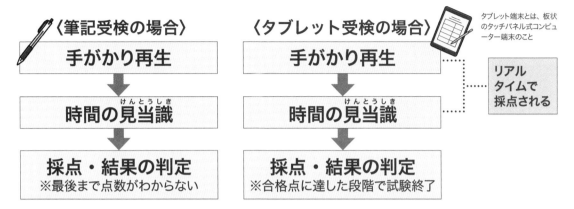

タブレット端末とは、板状のタッチパネル式コンピューター端末のこと

〈筆記受検の場合〉

手がかり再生
↓
時間の見当識（けんとうしき）
↓
採点・結果の判定
※最後まで点数がわからない

〈タブレット受検の場合〉

手がかり再生
↓
時間の見当識（けんとうしき）
↓
採点・結果の判定
※合格点に達した段階で試験終了

リアルタイムで採点される

その他に知っておきたい変更点 （2022年5月13日より施行）

▶ 違反行為がある場合は、運転技能検査が導入されました

これまでは、免許更新に必要な検査は筆記受検のみでしたが、道路交通法の改正に伴い、実際に車を運転する運転技能検査が導入されました。ただし、運転技能検査の受検が必要になるのは、過去3年間に一定の違反行為（P.14参照）を行った場合です。この運転技能検査は、更新期間内であれば何度でも受検可能です。

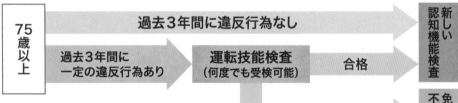

▶ 安全運転サポート車限定免許が創設されました

交通事故の防止のため、運転できる車を安全運転サポート車（サポカー）に限定した免許が2022年5月13日に創設されました。これまでは認知機能検査に合格するか、免許を返納するかの2択だけでしたが、生活に車が必要な人にとって新しい選択肢が増えたといえます。ただし、サポカー限定免許の場合も講習の軽減措置はありません。サポカー限定免許については、79ページでくわしく紹介しています。

認知機能検査のオンライン予約が可能になりました

これまでは認知機能検査の予約は電話受付のみとされていましたが、パソコンやスマートフォンからのオンライン予約も可能な会場が増えています。電話予約のみの会場もあるため、受検会場にお問い合わせいただき、指示に従ってください。

はじめに

監修

医学博士・米山医院院長

米山公啓 （よねやま・きみひろ）

医学博士・神経内科医。聖マリアンナ医科大学医学部卒業。同大学で超音波を使った脳血流量の測定や、血圧変動からみた自律神経機能の評価などを研究。現在は東京・あきる野市にある米山医院で診療を続けながら、脳の活性化、認知症予防、老人医療などをテーマに著作・講演活動を行っている。

本書を活用し、安心して本番の検査を迎えましょう

　2017年の道路交通法改正により、高齢者の運転免許証更新に関する規制が強化されてから、多くの方が認知機能検査を受けられました。本書は、認知機能検査を受検された方々の声をもとに、多くの方が苦手とする点を分析し、ミスやムダな失点を防ぐための高得点対策を目的とした構成になっています。

　また、実際に出題される検査問題をもとに、できるだけ本番に近い形式の模擬検査を収録しています。高得点をとるための秘訣をおさえたうえで、練習問題や模擬検査に取り組むと、自分が苦手とする課題や注意点に気づくことができます。そうしてくり返し練習することで自信がつき、安心して本番の検査にのぞむことができるでしょう。

　老化による認知機能や運転能力の低下は誰にでも起こることであり、自分ではなかなか気づけないものです。自分の現状を知るためにも、本書の認知機能検査に取り組んでいただければと思います。

　運転免許証を無事に更新して、いつまでも安全に運転を楽しめるよう本書をご活用いただけますと幸いです。

もくじ

認知機能検査の基礎知識

認知機能検査とはいったいどんな検査なのでしょうか？　ここでは検査の内容や免許更新までの流れなど、知っておきたいポイントを紹介します。

検査員

認知機能検査は、記憶力や判断力など
運転に必要な認知機能を測定する検査です。

　昨今、高齢者による自動車交通事故の増加が社会問題化しています。2020年の高齢ドライバーによる死亡事故件数は、75歳を超えると増加し、85歳以上では30〜60代に比べ約2〜3倍となっています。そういった状況を受け、2017年に「認知機能検査」に関する規制が強化されました。75歳以上の運転者は、以下の場合に認知機能検査を受ける必要があります。①3年に1度の免許更新時 ②一定の違反行為を行った場合（臨時認知機能検査）。一定の違反行為については14ページに掲載しています。

　認知機能検査と聞き、不安に思う人は少なくありません。しかし、認知機能検査は「運転に必要な認知機能を測定する検査で、認知症かどうかを診断することが目的ではないため、過度におそれる必要はありません。

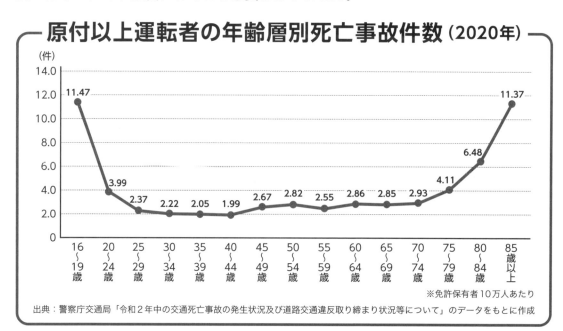

原付以上運転者の年齢層別死亡事故件数（2020年）

出典：警察庁交通局「令和2年中の交通死亡事故の発生状況及び道路交通違反取り締まり状況等について」のデータをもとに作成

認知機能検査は、
2つのテストで構成されています。

認知機能検査は、実際の医療現場で使われている認知症診断テストをもとに作られた簡易的な検査です。2つのテストを受けることで、受検者の記憶力や判断力が低下しているかどうかを測定します。

テスト1

手がかり再生（てがかりさいせい）

イラストを覚えて、
その名前を記入します。

テスト2

時間の見当識（じかんのけんとうしき）

受検当日の日時や
曜日を記入します。

認知機能検査の採点結果から、
2つのタイプに分類されます。

認知機能検査の採点結果から、認知機能を2タイプに分類します。「認知症のおそれあり」と判定された場合、専門医による診断等が必要ですが、すぐに免許を取り消されることはありません。また、期間内であれば再受検が可能です（受検のたびに手数料が発生）。

認知症のおそれがある

0 〜 36点未満

（記憶力・判断力が
低くなっています）

認知症のおそれなし

36点以上

（記憶力・判断力に
心配ありません）

認知機能検査を予約し

認知機能検査のお知らせが届いてから受検するまでの流れを紹介します。

① ハガキが届く

免許証の有効期間が満了する約6か月前にお知らせのハガキが自宅に届きます。

② 電話または オンラインで予約する

ハガキに書かれた会場に電話（またはインターネットからアクセス）をして検査の予約を取りましょう。

⑤ 検査室で 事前説明を受ける

会場で検査に関する諸注意が説明されます。

⑥ 検査を受ける （約20分※）

検査を受けます。

※検査時間はあくまで目安です。受検時の状況によって長引く場合もあります。

てから受検までの流れ

③ 持ち物を用意する

筆記用具、お知らせのハガキ、運転免許証は必ず持参しましょう。

④ 予約した日に会場へ行く

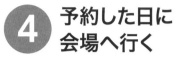

会場を間違えないように気をつけましょう。

自治体によっては、筆記受検かタブレット受検かを選べる場合もあります。

⑦ 検査結果を受け取る※

その後講習へ

検査結果は、当日にその場でわかります。

※検査結果が出るまでの期間、また、高齢者講習の受講日については、地域によって対応が異なる場合があります。

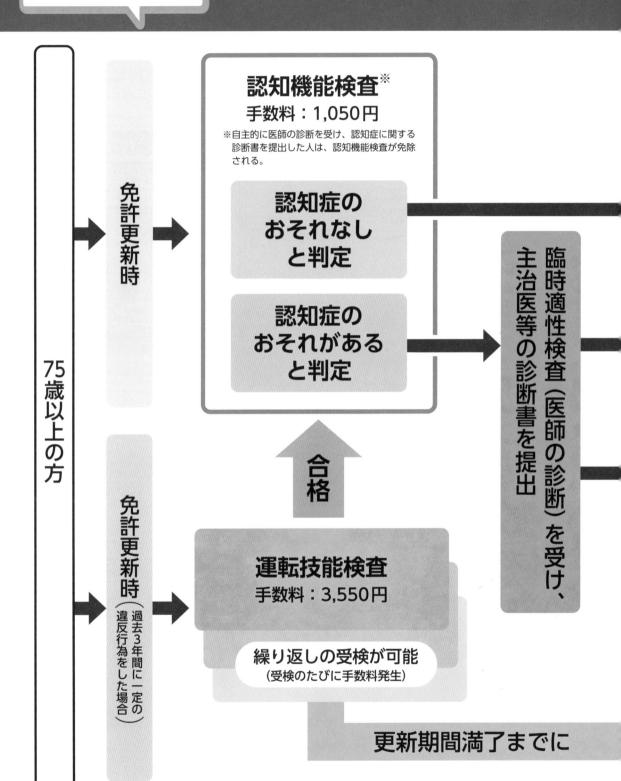

75歳以上の ドライバーの 運転免許更新

75歳以上の方

免許更新時

認知機能検査※
手数料：1,050円

※自主的に医師の診断を受け、認知症に関する 診断書を提出した人は、認知機能検査が免除 される。

認知症の おそれなし と判定

認知症の おそれがある と判定

免許更新時（過去3年間に一定の違反行為をした場合）

合格

運転技能検査
手数料：3,550円

繰り返しの受検が可能
（受検のたびに手数料発生）

臨時適性検査（医師の診断）を受け、主治医等の診断書を提出

更新期間満了までに

※認知機能検査・運転技能検査・高齢者講習の受検順序は、都道府県によって異なる場合があります。 更新期間満了日の6か月前から受検・受講できます。

までの流れ

認知機能検査の後には高齢者講習を受けます。検査の結果によって免許更新までの流れが変わります。

高齢者講習

手数料：6,450円
内容：講義（座学）
　　　運転適性検査
　　　実車指導

※運転技能検査を受けた場合は、
　実車指導が免除となるため2,900円。

認知症
ではない

認知症と
診断

免許の停止
または
免許の取り消し
または
免許の更新不可

※運転技能検査が不合格で
あっても、普通免許を返
納して原付免許等にする
場合は更新可能。

合格できない

運転免許の更新手続き（免許継続）

認知機能検査の Q & A

初めて認知機能検査を受ける人には、疑問と不安がつきものです。ここでは、受検者からの問い合わせが多い質問を取り上げ、Q&A形式でお答えします。

Q1 認知機能検査は何度でも受けられますか？

A 1,050円の手数料を支払えば、何度でも検査を受けることができます。一度目の検査で認知症のおそれがあると判定されても、再検査の結果、「認知症のおそれなし」と判定されれば免許の更新手続きができます。

Q2 認知機能検査を受けずに免許を更新することはできますか？

A できません。75歳以上の人が免許を更新するときは認知機能検査を受けることが義務化されています。

Q3 認知機能検査の受検期間以外で検査を受けることはできますか？

A 受検期間以外でも検査を受けることはできます。ただし、75歳以上の人が免許を更新するときの検査は、更新期間が満了する日から6か月以内に受ける必要があります。

Q4 普段、車の運転をまったくしないペーパードライバーなのですが、それでも検査を受けなければならないでしょうか？

A たとえ、普段運転をしない人でも75歳以上の人が免許を更新するためには検査を受ける必要があります。

認知機能検査の概要

検査時間：約20分　　　手数料：1,050円
受検場所：指定の自動車教習所、運転免許試験場（予約必須）
持ち物：通知書／筆記用具（ボールペン）／メガネ等／手数料
受検期間：更新期間満了の6か月前から有効期間満了日（誕生日の1か月後）

Q5 認知機能検査の結果、「認知症のおそれがある」とされたのですが、その場で免許を取り消されますか？

A 「認知症のおそれがある」と判定されても、ただちに免許が取り消されるわけではありません。検査後に「臨時適性検査」を受け、認知症と診断されなければ高齢者講習を受けることで免許の更新手続きを行えます。

Q6 臨時適性検査とはどんな検査ですか？

A 臨時適性検査は、75歳以上で免許を持っている人が、運転に支障をきたすおそれのある一定の病気にかかっていると疑われる理由があるときに行われる検査です。検査は、公安委員会（警察）によって専門的な知識を持っていると認められた医師の診断によって行われます。

Q7 免許を取り消されても、運転経歴証明書はもらえますか？

A 「認知症のおそれがある」に該当し、医師の診断書提出で認知症と診断されて免許取り消し・停止となった場合には、運転免許の自主返納ができません。そのため、身分証明書として利用できる運転経歴証明書の交付申請ができないことになります。運転経歴証明書の交付を受けたいけれど、認知機能検査に自信がない人は、検査を受ける前に自主返納を検討してください。そうすれば運転経歴証明書ももらえ、自主返納の特典も受けられます（※くわしくは78ページ参照）。

Q8 認知機能検査だけでなく高齢者講習も必ず受けなければいけないのでしょうか？

A 受けなければなりません。講習を受けなかった場合は免許を更新できません。高齢者講習は主に、事故防止対策に関する講義や運転適性検査（動体視力などの検査）、実車指導による運転技術の確認が行われます。運転適性検査の結果と実車指導の診断表をもとに個別指導も行われます。

高齢者講習の金額

高齢者講習（2時間）：手数料6,450円※

※事前に運転技能検査を受検済みの場合、高齢者講習での実車指導が免除になるため、1時間の講習となる。手数料は2,900円。

Q9	免許を更新したあとに交通違反をした場合、免許の取り消しといった処分などはありますか？

A 75歳以上の免許保有者が一定の違反行為をした場合には、臨時の認知機能検査を受ける義務があります。違反を行うと運転免許本部より通知書が届き、1か月以内に臨時認知機能検査を受けなければ免許の停止処分となります。

【臨時認知機能検査を受けなければならない「一定の違反行為」】

1	信号無視	11	交差点優先車妨害
2	通行禁止違反	12	環状交差点通行車妨害等
3	通行区分違反	13	横断歩道等における横断歩行者等妨害等
4	横断等禁止違反		
5	進路変更禁止違反	14	横断歩道のない交差点における横断歩行者等妨害等
6	遮断踏切立入り等		
7	交差点右左折方法違反	15	徐行場所違反
8	指定通行区分違反	16	指定場所一時不停止等
9	環状交差点左折等方法違反	17	合図不履行
10	優先道路通行車妨害等	18	安全運転義務違反

Q10	運転技能検査の対象となる交通違反にはどういったものがありますか？

A 対象となる交通違反は以下11項目です。運転技能検査を受けた人は、認知機能検査後の高齢者講習の実車指導が免除となります。

【運転技能検査を受けなければならない「一定の違反行為」】

1	信号無視	7	交差点右左折方法違反等
2	通行区分違反	8	交差点安全進行義務違反等
3	通行帯違反等	9	横断歩行者等妨害等
4	速度超過	10	安全運転義務違反
5	横断等禁止違反	11	携帯電話使用等
6	踏切不停止等・遮断踏切立入り		

これで万全！

2つのテスト別 高得点対策

認知機能検査では2つのテストが行われます。
ここでは各テストのなかで間違いやすいポイントを紹介。
ミスやムダを防いで高得点をとるための秘訣をアドバイスします。

認知機能検査会場

会場によって、タブレットでの受検を導入しているところもあります。ここでは、主に筆記受検の流れについて解説します。

事前説明を受ける

　会場に到着して席についたら、検査員から検査を受ける際の事前説明が行われます。このときに、携帯電話や時計などをカバンにしまうように指示があります。

検査についての説明を受ける

　どのような検査が実施されるのか、また、検査結果の通知方法などについての説明が行われます。その後、検査用紙が配られます。

検査用紙に記入する

　検査用紙が配られたら、検査員の指示に従って氏名、生年月日を記入します。

での流れ

会場に到着してから検査結果が出るまでの流れを事前に知っておけば、検査当日も焦らずに落ち着いて行動できます。

認知機能検査（20分）スタート

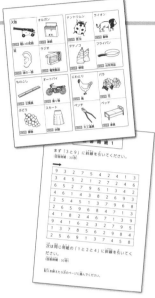

1 手がかり再生

検査員から提示されたイラストを記憶し、介入問題に答えたあとに覚えたイラストの名前を回答欄に記入します。回答のチャンスは2回あります。

【回答の流れ】
イラストを覚える➡介入問題に答える
➡イラストの名前を答える
（回答のチャンスは2回ある）

2 時間の見当識

検査当日の年月日、曜日、現在の時刻を記入します。回答用紙に質問と回答欄があるので、そこに答えを記入します。

検査結果

筆記受検の場合

検査が終了したら検査用紙が回収され、個別に検査結果が知らされます。検査結果は当日わかる場合と、後日郵送される場合があります。

タブレット受検の場合

タブレット受検の場合、検査の途中であっても、点数が合格点に達した時点で自動的に検査終了となります。

認知機能検査で 高得点をとる5つのポイント

認知機能検査で高得点をとるためには、事前準備をして、落ち着いてテストにのぞむことが大切です。そのためには、検査内容を知り、練習問題で自分が苦手なポイントの対策をとる必要があります。

1 検査の流れを事前に知っておく

なにも知らない状態で検査当日を迎えると、検査でなにが行われるのかがわからず不安になってしまいます。過度に緊張すると、普段できていることもできなくなってしまうものです。事前に検査の流れや内容を知っておくだけで、焦らず落ち着いて本番の検査を受けることができます。

ここが大事！

落ち着いて検査にのぞめば、実力を発揮できる

2 自分の弱点を見つけて対策する

事前に練習問題をこなしたり模擬検査にチャレンジすることで、自分が苦手なポイントに気づくことができます。苦手な問題は何度もくり返し練習して、点数をとりこぼさないように心がけましょう。

ここが大事！

ケアレスミスやムダな失点を防ぐことができる

3 満点ではなく、36点以上を目指す

　認知機能検査では、満点をとる必要はありません。「認知症のおそれなし」と判定されるために必要な点数は36点以上です。「少しくらい間違っても大丈夫」と知っておくだけでも心に余裕が生まれ、落ち着いて検査を受けることができます。

ここが大事！

満点を目指さなくてもOK！
リラックスした状態で検査を受けることが大切

4 検査員の説明をしっかり聞く

　検査の際は、すべてのテストに対して検査員からくわしい説明があります。特に「手がかり再生」の説明内容には、問題に正しく回答するためのヒントが含まれています。検査員の説明をしっかりと聞いて、疑問点は遠慮せずに質問する。それだけで、点数のとりこぼしを防ぐことができるでしょう。

ここが大事！

検査員からの説明には、正解のヒントが含まれている

5 回答用紙をとにかく埋める！

　どんなテストでも、無回答では点数をとれません。認知機能検査には、正解が必ずしも1つとは限らない問題もあります。自信がなくても、まずは回答用紙を埋めることが点数をとるための第一条件です。

ここが大事！

回答欄を埋めれば点数をとるチャンスが増える

高得点対策 1

手がかり再生
（イラスト記憶）

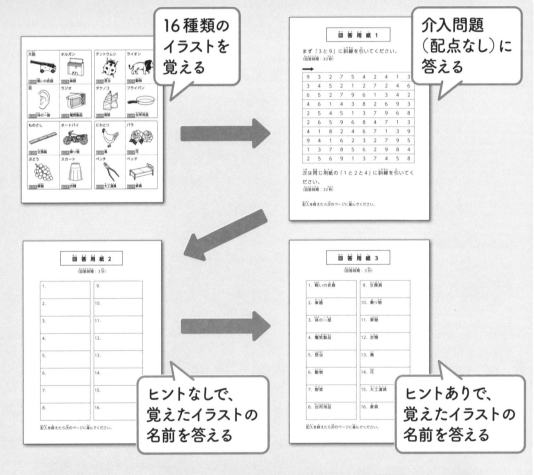

16種類の
イラストを
覚える

介入問題
（配点なし）に
答える

ヒントなしで、
覚えたイラストの
名前を答える

ヒントありで、
覚えたイラストの
名前を答える

記憶力が正しくはたらいているかを確かめる検査です。認知
機能検査のなかで最も配点が高く、受検者の多くが「苦手」
としているテストです。それだけに、しっかり対策しておけ
ば必ず高得点をとることができるでしょう！

『手がかり再生』ってどんな検査？

［検査でなにを調べるの？］

　少し前に覚えたことを思い出す力である「短期記憶」という機能が正常にはたらいているかどうかを調べます。

［どんな検査をするの？］

　提示される16種類のイラストを約4分で覚えます。そして、介入問題（点数に関係なし）に答えたあとに、覚えたイラストの名前を回答用紙に記入します。回答のチャンスは2回あり、1回目の回答はヒントなし、2回目の回答はヒントがある状態で答えます。回答時間はそれぞれ3分ずつです。

●記入例

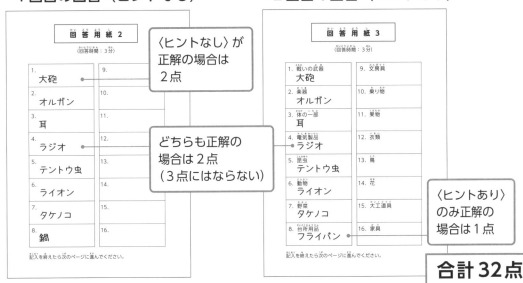

［回答方法についてのアドバイス］

- 無回答は0点になってしまうため、答えに自信がなくても記入する

- 1つの回答欄につき記入する答えは必ず1つ。2つ以上書くと0点となる

- イラストの名前はひらがな、カタカナ、漢字のどれでもOK

- 回答の順序は問われない

- 正解は1つとは限らない。そのイラストを表す別の名称でも正解になる場合もある（例：オルガンをピアノ、万年筆をボールペンと答えるなどは正解となる）

- 2回目の回答では、ヒントの回答欄と回答がズレていても、イラストの名前が合っていれば正解となる

パターンA（16種類のイラスト）

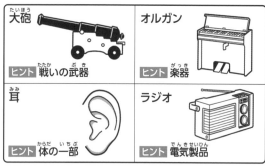

大砲
ヒント 戦いの武器

オルガン
ヒント 楽器

耳
ヒント 体の一部

ラジオ
ヒント 電気製品

テントウムシ
ヒント 昆虫

ライオン
ヒント 動物

タケノコ
ヒント 野菜

フライパン
ヒント 台所用品

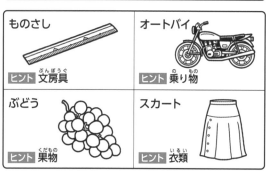

ものさし
ヒント 文房具

オートバイ
ヒント 乗り物

ぶどう
ヒント 果物

スカート
ヒント 衣類

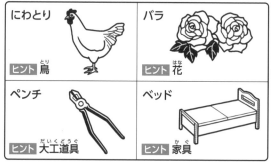

にわとり
ヒント 鳥

バラ
ヒント 花

ペンチ
ヒント 大工道具

ベッド
ヒント 家具

パターンB（16種類のイラスト）

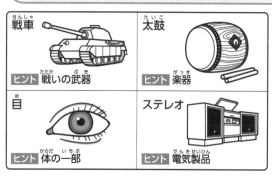

戦車
ヒント 戦いの武器

太鼓
ヒント 楽器

目
ヒント 体の一部

ステレオ
ヒント 電気製品

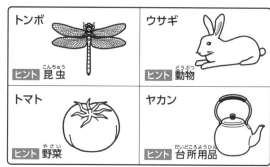

トンボ
ヒント 昆虫

ウサギ
ヒント 動物

トマト
ヒント 野菜

ヤカン
ヒント 台所用品

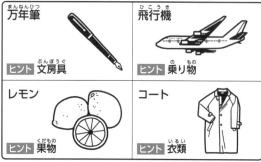

万年筆
ヒント 文房具

飛行機
ヒント 乗り物

レモン
ヒント 果物

コート
ヒント 衣類

ペンギン
ヒント 鳥

ユリ
ヒント 花

カナヅチ
ヒント 大工道具

机
ヒント 家具

4パターン

本番の検査では、パターンＡ・Ｂ・Ｃ・Ｄのなかから必ずどれか１パターンが出題されます（混ざって出題されることはありません）。

パターンＣ（16種類のイラスト）

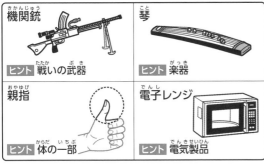

機関銃　ヒント 戦いの武器

琴　ヒント 楽器

親指　ヒント 体の一部

電子レンジ　ヒント 電気製品

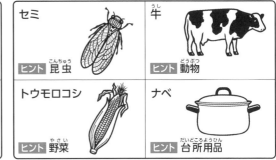

セミ　ヒント 昆虫

牛　ヒント 動物

トウモロコシ　ヒント 野菜

ナベ　ヒント 台所用品

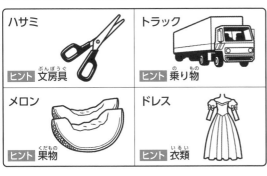

ハサミ　ヒント 文房具

トラック　ヒント 乗り物

メロン　ヒント 果物

ドレス　ヒント 衣類

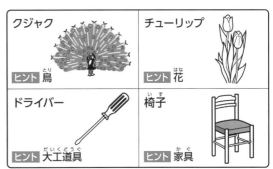

クジャク　ヒント 鳥

チューリップ　ヒント 花

ドライバー　ヒント 大工道具

椅子　ヒント 家具

パターンＤ（16種類のイラスト）

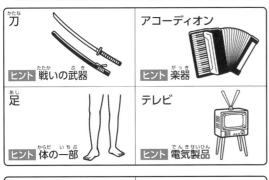

刀　ヒント 戦いの武器

アコーディオン　ヒント 楽器

足　ヒント 体の一部

テレビ　ヒント 電気製品

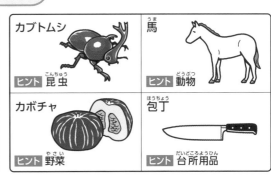

カブトムシ　ヒント 昆虫

馬　ヒント 動物

カボチャ　ヒント 野菜

包丁　ヒント 台所用品

筆　ヒント 文房具

ヘリコプター　ヒント 乗り物

パイナップル　ヒント 果物

ズボン　ヒント 衣類

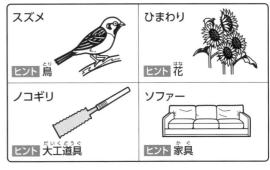

スズメ　ヒント 鳥

ひまわり　ヒント 花

ノコギリ　ヒント 大工道具

ソファー　ヒント 家具

『手がかり再生』の高得点アドバイス

☝ ココがポイント

▶ テストの流れを事前に把握しよう

　覚えたイラストを忘れさせるための「介入問題」への取り組みなど、受検者を戸惑わせるいじわるな仕掛けがなされています。そのため事前に流れを知っておくだけで落ち着いてテストを受けることができます。

▶ 検査員の説明をしっかり聞こう

　本番の検査では、検査員がヒントを交えながらイラストについて口頭で説明します。その説明をしっかり聞くと、イラストが覚えやすくなります。

▶ 回答欄はすべて埋めよう

　イラストの名前の正解は1つだけではありません。例えば「オルガン」を「ピアノ」と答えても正解となります。イラストを確実に表す単語であれば正解になることもあるので、とにかく回答欄を埋めましょう。

▶ 「介入問題」はリラックスして取り組もう

「介入問題」は点数に関係ありません。ですが取り組まなければ失格となるので要注意！　集中しすぎてしまうとイラストを忘れがちなので、肩の力を抜き、適度にリラックスして取り組むのがポイントです。

▶ 覚えるのが苦手なイラストを知っておこう

　16種類のイラストを一気に覚えなければならないため、覚えづらいイラストが必ず出てきます。どのイラストが覚えづらいのかを本書で確認し、普段から重点的に記憶するようにしましょう。

タブレット受検の場合の注意点

● 音声ガイダンスによる案内のみのため、検査員による説明は行われない。回答もタブレット上で行う

● 点数が合格点である36点以上に達した場合は、検査の途中であっても自動的に検査終了となる

『手がかり再生』の検査の流れ

❶ 検査員から検査方法についての説明がある

検査員からイラストの提示があること、また、提示されたイラストをその場で覚えることなど、検査方法の説明があります。

❷ 出題するイラストが提示される

●イラストを4つずつ覚える

4つのイラストをワンセットとし、計4回（16種類の）イラストが提示されます。その際に検査員が「これは耳です」とイラストの名前を説明するので、しっかり聞きましょう。記憶時間は全体で約4分間です。

イラストは手元に配られず、検査員が紙を手で持つ、プロジェクターで壁に大きく映し出すなどの方法で提示されます。

●検査員がヒントを交えて説明する

その後、検査員がイラストを示しながら「このなかに体の一部がありますが、それはなんですか？」といった形式で皆さんに質問します。そのときに「耳です」と声に出して答えることでイラストが記憶しやすくなります。

❸「介入問題」のあとにイラストの名前を答える

イラスト記憶が終わったら、まずは「介入問題」に取り組みます。その後、ヒントなしの「自由回答」とヒントありの「手がかり回答」の2回に分けて、覚えたイラストの名前を回答欄に記入します。

イラストの覚え方のコツ

イラストは工夫次第で効率よく覚えられる

医学博士・米山医院院長
米山公啓

「手がかり再生」は多くの人が苦手意識をもつテストです。出題される４パターン（全64種類）のイラストを一度に覚えるのは大変な作業であり、そんな詰込み型の覚え方ではすぐに忘れてしまうでしょう。脳科学的にも、なにかを覚えなければならないときに嫌々取り組むとなかなか頭に入ってこず、逆に楽しく覚える工夫をすると記憶に残りやすくなることがわかっています。

　ここではイラストが覚えやすくなる記憶術（分割する・関連づける・くり返す・イメージするなど）を応用したテクニックをいくつか紹介します。ムリせずに取り組めそうな方法をいろいろ試してみましょう！

［イラストを分割して覚える］

　出題されるイラストの数は「16種類×４パターン＝合計64種類」。一度に覚えるには多すぎる数です。そのため、１日４つずつに分割して覚えてみましょう。そうすれば16日間で覚えることができます。

　受検日が決まったら、そこから逆算して計画的に覚えれば記憶が定着し、安心して検査日を迎えることができるでしょう。

　また、１日４つずつ覚えて、翌日には前日に覚えたものを思い出す（復習する）ことで、より強く記憶に残りやすくなります。

〈例〉

イラストは全部で**64**種類	▶	**1**日**4**つずつ覚える	▶	**16**日間で覚え終わる！

［4つのイラストを使ってストーリーを作って覚える］

本番の検査では、検査員が一度に4つのイラストを見せながら説明します。そのため4つのイラスト単位でストーリーを作って覚えるという方法も効果的です。

ストーリーを考えること自体がイラストを覚えやすくする手段となり、さらに映像をイメージすることで記憶に残りやすくなります。

〈例〉

例えば「万年筆・飛行機・レモン・コート」という4つのイラストを使って、「胸元に万年筆をさしたコートを着た男性が、レモンを片手に飛行機を眺めている」といったようにストーリーを作り、映像をイメージしましょう。

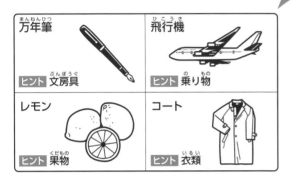

イラスト記憶の落とし穴を知ろう！

16種類のイラストを記憶する際、順番に提示されたイラストのうち、最初と最後は覚えやすく、中間は忘れやすい傾向があります。

その理由として、最初の4つはしっかり集中して覚えようとしていること、最後の4つは記憶に残りやすいことが挙げられます。つまり、中間にくる8つのイラストを提示されているときに集中力が途切れやすいのです。

その点に注意して、あなたが覚えにくく、忘れやすいイラストを把握し、それを重点的に覚えるようにすることも効果的な方法です。

＼＼ 中間にくるイラストは忘れやすい！ ／／

〈最初の4つ〉

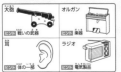

〈中間にくる8つ〉

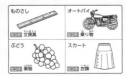

〈最後の4つ〉

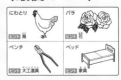

27

［ヒントを手がかりにして覚える］

　4パターンのイラストは「ヒントが共通のもの」になるように構成されています。下の表を見るとわかるように、パターンA〜Dの最初のイラスト名は「大砲・戦車・機関銃・刀」とすべて「戦いの武器」に関連するものになっています。

　このヒントをもとに、「今日は戦いの武器を覚えよう」、「今日は電気製品を覚えよう」と、ヒントに関連づけて4つのイラストを覚えるのも効果的な方法です。

	ヒント	パターンA	パターンB	パターンC	パターンD
1	戦いの武器	大砲	戦車	機関銃	刀
2	楽器	オルガン	太鼓	琴	アコーディオン
3	体の一部	耳	目	親指	足
4	電気製品	ラジオ	ステレオ	電子レンジ	テレビ
5	昆虫	テントウムシ	トンボ	セミ	カブトムシ
6	動物	ライオン	ウサギ	牛	馬
7	野菜	タケノコ	トマト	トウモロコシ	カボチャ
8	台所用品	フライパン	ヤカン	ナベ	包丁
9	文房具	ものさし	万年筆	ハサミ	筆
10	乗り物	オートバイ	飛行機	トラック	ヘリコプター
11	果物	ぶどう	レモン	メロン	パイナップル
12	衣類	スカート	コート	ドレス	ズボン
13	鳥	にわとり	ペンギン	クジャク	スズメ
14	花	バラ	ユリ	チューリップ	ひまわり
15	大工道具	ペンチ	カナヅチ	ドライバー	ノコギリ
16	家具	ベッド	机	椅子	ソファー

［イラストを紙に描いて覚える］

イラストを覚えるときに、ただじーっと眺めているだけではなかなか頭に入ってきません。そこで効果的なのが体の動きを伴わせる方法です。

例えば、覚えたいイラストを紙に描いてみる。手を動かすことで、脳に記憶されやすくなります。

さらに描いたイラストでぬり絵をしてみると、より強く記憶に残るでしょう。

〈例〉

絵を描いたり、ぬり絵をしたりすると自然と集中力が高まり、イラストが覚えやすくなります。

［くり返し声に出して覚える］

イラストを描くことと同様に体の動きを伴わせる方法として、イラストの名前をくり返し声に出す覚え方もおすすめです。声の大きさは小さくても大きくても構いません。また、イラストの名前を文字で書きながら、声に出すとより効果的です。

「イラストを見る➡イラストを隠す➡イラストを頭のなかでイメージしながら声に出す」といった流れをくり返すことで、強く記憶に残ります。

イラストを見る	▶	イラストを隠す	▶	イラストをイメージしながら声に出す

イラストを覚えたら、次ページ以降の練習問題に取り組みましょう。パターンA～Dの練習問題をくり返しこなすことで、「自分が苦手とするポイント」がわかるようになり、記憶力もアップします。

練習問題
手がかり再生 パターンA

◆イラスト記憶

　以下に16種類の絵があります。絵を記憶し、なんの絵が描かれていたかを後ほど答える記憶問題です。それぞれに書かれたヒントを手がかりに、すべての絵を記憶してください。

記憶時間の目安：約4分

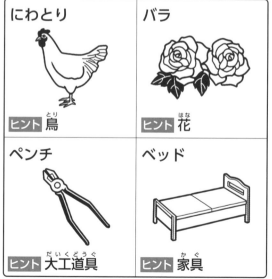

大砲（たいほう）　ヒント 戦いの武器（たたか・ぶき）	オルガン　ヒント 楽器（がっき）
耳（みみ）　ヒント 体の一部（からだ・いちぶ）	ラジオ　ヒント 電気製品（でんきせいひん）

テントウムシ　ヒント 昆虫（こんちゅう）	ライオン　ヒント 動物（どうぶつ）
タケノコ　ヒント 野菜（やさい）	フライパン　ヒント 台所用品（だいどころようひん）

ものさし　ヒント 文房具（ぶんぼうぐ）	オートバイ　ヒント 乗り物（の・もの）
ぶどう　ヒント 果物（くだもの）	スカート　ヒント 衣類（いるい）

にわとり　ヒント 鳥（とり）	バラ　ヒント 花（はな）
ペンチ　ヒント 大工道具（だいくどうぐ）	ベッド　ヒント 家具（かぐ）

◆介入問題

　以下に、たくさんの数字が書かれた表があります。そのなかから、指示した数字に斜線を引いてください。

回答時間：30秒×2回

斜線は右上から左下へと引きます。1行目だけで終わらないで、2行目、3行目……と順番に斜線を引きましょう。

例 4と8に斜線を引いてください。

| 8̸ | 1 | 3 | 9 | 0 | 8̸ | 4̸ | 2 | 6 | 4̸ |

問 まず「1と8」に斜線を引いてください（30秒）。
次に「2と5と9」に斜線を引いてください（30秒）。

0	9	5	2	4	8	7	2	1	7
4	1	3	5	9	7	0	4	2	6
2	7	4	7	1	0	2	5	3	8
8	6	9	0	3	4	5	2	1	0
9	4	0	8	5	1	3	9	0	3
3	8	1	2	7	5	1	0	6	4
1	5	8	0	2	7	4	3	1	9
5	0	9	1	8	6	2	1	5	2
6	1	2	8	9	3	4	2	9	1
7	2	6	3	0	2	9	6	4	5

◆自由回答

30ページになんの絵が描かれていたかを思い出し、できるだけ全部書いてください。回答の順番は問いません。また、回答はカタカナでもひらがなでも構いません。書き間違えた場合は二重線で訂正してください。

回答時間：3分

1.

2.

3.

4.

5.

6.

7.

8.

9.

10.

11.

12.

13.

14.

15.

16.

◆手がかり回答

　以下の回答欄にヒントが書いてあります。それを手がかりに、もう一度なんの絵が描かれていたのかを思い出し、できるだけ全部書いてください。

回答時間：3分

1. 戦いの武器：

2. 楽器：

3. 体の一部：

4. 電気製品：

5. 昆虫：

6. 動物：

7. 野菜：

8. 台所用品：

9. 文房具：

10. 乗り物：

11. 果物：

12. 衣類：

13. 鳥：

14. 花：

15. 大工道具：

16. 家具：

手がかり再生 パターンB

◆イラスト記憶

以下に 16 種類の絵があります。絵を記憶し、なんの絵が描かれていたかを後ほど答える記憶問題です。それぞれに書かれたヒントを手がかりに、すべての絵を記憶してください。

記憶時間の目安：約4分

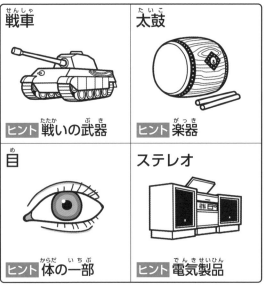

戦車（せんしゃ）	太鼓（たいこ）
ヒント 戦いの武器（たたかい　ぶき）	ヒント 楽器（がっき）
目（め）	ステレオ
ヒント 体の一部（からだ　いちぶ）	ヒント 電気製品（でんきせいひん）

トンボ	ウサギ
ヒント 昆虫（こんちゅう）	ヒント 動物（どうぶつ）
トマト	ヤカン
ヒント 野菜（やさい）	ヒント 台所用品（だいどころようひん）

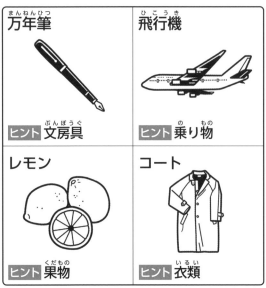

万年筆（まんねんひつ）	飛行機（ひこうき）
ヒント 文房具（ぶんぼうぐ）	ヒント 乗り物（のりもの）
レモン	コート
ヒント 果物（くだもの）	ヒント 衣類（いるい）

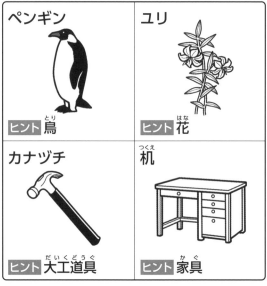

ペンギン	ユリ
ヒント 鳥（とり）	ヒント 花（はな）
カナヅチ	机（つくえ）
ヒント 大工道具（だいくどうぐ）	ヒント 家具（かぐ）

◆介入問題

　以下に、たくさんの数字が書かれた表があります。そのなかから、指示した数字に斜線を引いてください。

回答時間：30秒×2回

斜線は右上から左下へと引きます。1行目だけで終わらないで、2行目、3行目……と順番に斜線を引きましょう。

例 4と8に斜線を引いてください。

| 8̸ | 1 | 3 | 9 | 0 | 8̸ | 4̸ | 2 | 6 | 4̸ |

問 まず「2と9」に斜線を引いてください（30秒）。
　　次に「7と1と4」に斜線を引いてください（30秒）。

0	9	5	2	4	8	7	2	1	7
4	1	3	5	9	7	0	4	2	6
2	7	4	7	1	0	2	5	3	8
8	6	9	0	3	4	5	2	1	0
9	4	0	8	5	1	3	9	0	3
3	8	1	2	7	5	1	0	6	4
1	5	8	0	2	7	4	3	1	9
5	0	9	1	8	6	2	1	5	2
6	1	2	8	9	3	4	2	9	1
7	2	6	3	0	2	9	6	4	5

◆自由回答

34ページになんの絵が描かれていたかを思い出し、できるだけ全部書いてください。回答の順番は問いません。また、回答はカタカナでもひらがなでも構いません。書き間違えた場合は二重線で訂正してください。

回答時間：3分

1.

2.

3.

4.

5.

6.

7.

8.

9.

10.

11.

12.

13.

14.

15.

16.

◆手がかり回答

以下の回答欄にヒントが書いてあります。それを手がかりに、もう一度なんの絵が描かれていたのかを思い出し、できるだけ全部書いてください。

回答時間：3分

1. 戦いの武器：

2. 楽器：

3. 体の一部：

4. 電気製品：

5. 昆虫：

6. 動物：

7. 野菜：

8. 台所用品：

9. 文房具：

10. 乗り物：

11. 果物：

12. 衣類：

13. 鳥：

14. 花：

15. 大工道具：

16. 家具：

手がかり再生 パターンC

◆ イラスト記憶

　以下に16種類の絵があります。絵を記憶し、なんの絵が描かれていたかを後ほど答える記憶問題です。それぞれに書かれたヒントを手がかりに、すべての絵を記憶してください。

記憶時間の目安：約4分

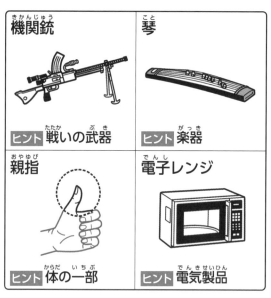

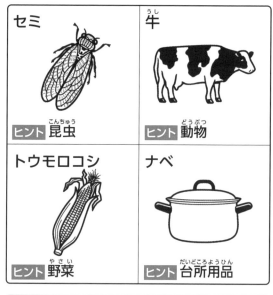

◆介入問題

　以下に、たくさんの数字が書かれた表があります。そのなかから、指示した数字に斜線を引いてください。

回答時間：30秒×2回

斜線は右上から左下へと引きます。1行目だけで終わらないで、2行目、3行目……と順番に斜線を引きましょう。

例 4と8に斜線を引いてください。

| 8 | 1 | 3 | 9 | 0 | 8 | 4 | 2 | 6 | 4 |

問 まず「5と8」に斜線を引いてください（30秒）。
次に「3と6と0」に斜線を引いてください（30秒）。

0	9	5	2	4	8	7	2	1	7
4	1	3	5	9	7	0	4	2	6
2	7	4	7	1	0	2	5	3	8
8	6	9	0	3	4	5	2	1	0
9	4	0	8	5	1	3	9	0	3
3	8	1	2	7	5	1	0	6	4
1	5	8	0	2	7	4	3	1	9
5	0	9	1	8	6	2	1	5	2
6	1	2	8	9	3	4	2	9	1
7	2	6	3	0	2	9	6	4	5

◆自由回答

38ページになんの絵が描かれていたかを思い出し、できるだけ全部書いてください。回答の順番は問いません。また、回答はカタカナでもひらがなでも構いません。書き間違えた場合は二重線で訂正してください。

回答時間：3分

1.

2.

3.

4.

5.

6.

7.

8.

9.

10.

11.

12.

13.

14.

15.

16.

◆手がかり回答

　以下の回答欄にヒントが書いてあります。それを手がかりに、もう一度なんの絵が描かれていたのかを思い出し、できるだけ全部書いてください。

回答時間：3分

1. 戦いの武器：

2. 楽器：

3. 体の一部：

4. 電気製品：

5. 昆虫：

6. 動物：

7. 野菜：

8. 台所用品：

9. 文房具：

10. 乗り物：

11. 果物：

12. 衣類：

13. 鳥：

14. 花：

15. 大工道具：

16. 家具：

やってみよう！

練習問題
手がかり再生 パターンD

◆ イラスト記憶

　以下に16種類の絵があります。絵を記憶し、なんの絵が描かれていたかを後ほど答える記憶問題です。それぞれに書かれたヒントを手がかりに、すべての絵を記憶してください。

記憶時間の目安：約4分

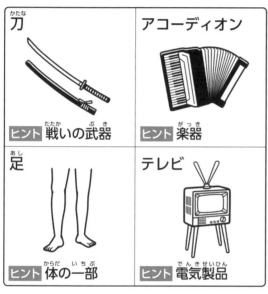

刀（かたな）	アコーディオン
ヒント 戦（たたか）いの武器（ぶき）	**ヒント** 楽器（がっき）
足（あし）	テレビ
ヒント 体（からだ）の一部（いちぶ）	**ヒント** 電気製品（でんきせいひん）

カブトムシ	馬（うま）
ヒント 昆虫（こんちゅう）	**ヒント** 動物（どうぶつ）
カボチャ	包丁（ほうちょう）
ヒント 野菜（やさい）	**ヒント** 台所用品（だいどころようひん）

筆（ふで）	ヘリコプター
ヒント 文房具（ぶんぼうぐ）	**ヒント** 乗（の）り物（もの）
パイナップル	ズボン
ヒント 果物（くだもの）	**ヒント** 衣類（いるい）

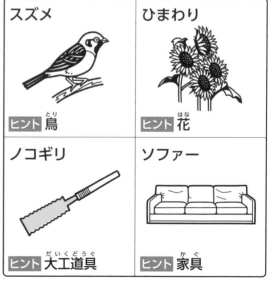

スズメ	ひまわり
ヒント 鳥（とり）	**ヒント** 花（はな）
ノコギリ	ソファー
ヒント 大工道具（だいくどうぐ）	**ヒント** 家具（かぐ）

◆介入問題

　以下に、たくさんの数字が書かれた表があります。そのなかから、指示した数字に斜線を引いてください。

> 回答時間：30秒×2回

斜線は右上から左下へと引きます。1行目だけで終わらないで、2行目、3行目……と順番に斜線を引きましょう。

例 4と8に斜線を引いてください。

8̸	1	3	9	0	8̸	4̸	2	6	4̸

問 まず「3と9」に斜線を引いてください（30秒）。
次に「8と2と7」に斜線を引いてください（30秒）。

0	9	5	2	4	8	7	2	1	7
4	1	3	5	9	7	0	4	2	6
2	7	4	7	1	0	2	5	3	8
8	6	9	0	3	4	5	2	1	0
9	4	0	8	5	1	3	9	0	3
3	8	1	2	7	5	1	0	6	4
1	5	8	0	2	7	4	3	1	9
5	0	9	1	8	6	2	1	5	2
6	1	2	8	9	3	4	2	9	1
7	2	6	3	0	2	9	6	4	5

◆自由回答

42ページになんの絵が描かれていたかを思い出し、できるだけ全部書いてください。回答の順番は問いません。また、回答はカタカナでもひらがなでも構いません。書き間違えた場合は二重線で訂正してください。

回答時間：3分

1.

2.

3.

4.

5.

6.

7.

8.

9.

10.

11.

12.

13.

14.

15.

16.

◆手がかり回答

　以下の回答欄にヒントが書いてあります。それを手がかりに、もう一度なんの絵が描かれていたのかを思い出し、できるだけ全部書いてください。

回答時間：3分

1. 戦いの武器：

2. 楽器：

3. 体の一部：

4. 電気製品：

5. 昆虫：

6. 動物：

7. 野菜：

8. 台所用品：

9. 文房具：

10. 乗り物：

11. 果物：

12. 衣類：

13. 鳥：

14. 花：

15. 大工道具：

16. 家具：

高得点対策 ②

時間の見当識

受検当日の日時を
記入するだけ！

問 題 用 紙 4

この検査には、5つの質問があります。
左側に質問が書いてありますので、それぞ
れの質問に対する答を右側の回答欄に記入
してください。
答が分からない場合には、自信がなくても
良いので思ったとおりに記入してください。
空欄とならないようにしてください。

読み終えたら次のページに進んでください。

回 答 用 紙 4

以下の質問にお答えください。（回答時間：2分）

注意 ・質問の中に「何年」の質問があります。これは「なにどし」ではありません。干支で回答しないでください。
・「何年」の回答は、西暦でも和暦でも構いません。和暦とは「元号」を用いた言い方のことです。

質　問	回　答
今年は何年ですか？	年
今月は何月ですか？	月
今日は何日ですか？	日
今日は何曜日ですか？	曜日
今は何時何分ですか？	時　分

以上で模擬検査は終了です。75～76ページの解答・解説をもとに
採点を行い、77ページの判定方法で分類を確認してください。

認知機能検査で二番目に出されるテストが「時間の見当識」
です。今現在の日時や曜日を答えることで、自分が置かれて
いる状況を認識しているかどうかを確かめる検査です。

『時間の見当識』ってどんな検査？

［検査でなにを調べるの？］

見当識とは、「自分が置かれている状況を認識する」ことをいい、受検当日の日時が正しく認識できているかどうかを調べます。

［どんな検査をするの？］

検査員からの説明をもとに、回答用紙に検査当日の「年・月・日・曜日・時間・分」を2分間で記入します。

［記入時のアドバイス］

～年について～
● 西暦、和暦のどちらで記入してもOK
● 干支を書くと不正解となる

～年月日、曜日について～
● ひらがな、カタカナ、漢数字のいずれで回答してもOK

～時間について～
● 午後2時なら「14時」など、24時間表記で書いてもOK

●記入例

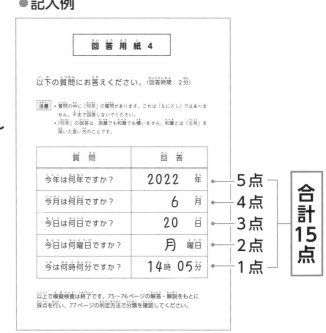

回 答 用 紙 4

以下の質問にお答えください。（回答時間：2分）

注意・質問の中に「何年」の質問があります。これは「なにどし」ではありません。干支で回答しないでください。
・「何年」の回答は、西暦でも和暦でも構いません。和暦とは「元号」を用いた言い方のことです。

質　問	回　答	
今年は何年ですか？	2022 年	5点
今月は何月ですか？	6 月	4点
今日は何日ですか？	20 日	3点
今日は何曜日ですか？	月 曜日	2点
今は何時何分ですか？	14時 05分	1点

合計15点

以上で模擬検査は終了です。75～76ページの解答・解説をもとに採点を行い、77ページの判定方法で分類を確認してください。

［検査に関する諸注意］

• 携帯電話と時計はカバンにしまう
• 質問があれば手を挙げて聞く
• 指示があるまで回答用紙はめくらない

『時間の見当識』の高得点アドバイス

☝ ココがポイント

▶腕時計を外す前に時間を確認しよう

検査室には時計がありません。そのため腕時計や携帯電話をカバンにしまう前に時間を確認しましょう。回答は、テストの開始時刻の前後30分以内であれば正解となります。検査直前に確認した時間から5〜10分後の時間を書くのがポイントです。

▶「年」は西暦で書こう

「令和」と和暦で書こうとすると漢字を間違ってしまったり、年号を「昭和」と勘違いしてしまったりする人が少なくありません。西暦で書くほうがミスや迷いが減るのでおすすめです。

▶検査当日の日付と曜日は覚えておこう

検査の日付は変わることがありません。受検日が決まったら、西暦・日付・曜日を覚えましょう。カレンダーや手帳に検査日を記載して、普段から目につくようにしておけば覚えやすくなります。

▶回答欄はすべて埋めよう

無回答では加点されずに0点となります。回答に自信がなくても必ず回答欄を埋めましょう。

ここに注意！

みんなが間違いやすいミス

- 「何年」を「なにどし」と読み間違えて、干支を書いてしまう……
- 「何年」を和暦で答えようとして、年号を「平成」「昭和」などと勘違いしてしまう……
- 日付の記入欄に自分の生年月日を書いてしまう……

練習問題
時間の見当識

問 以下の設問にお答えください。

〔回答時間：2分〕

〈質問〉　〈回答〉

今年は何年ですか？　➡　　　　　　　年

今月は何月ですか？　➡　　　　　　　月

今日は何日ですか？　➡　　　　　　　日

今日は何曜日ですか？　➡　　　　　曜日

今は何時何分ですか？　➡　　時　　分

訂正するときは二重線で消そう

〈例〉

~~10~~ 時 30 分

回答用紙はボールペンで記入するため、消しゴムで消すことができません。書き間違えてしまったときは二重線で消して、正しい答えを記入しましょう。

※タブレット受検の場合は、回答を取り消すことができるので、再度正しい答えを記入しましょう。

MEMO

2つのテストの練習が終わったら、次ページからの模擬検査にチャレンジしましょう！

本番そっくり！

「認知機能検査」の

第1回 模擬検査

この模擬検査は、本番の筆記受検の検査にできる限り近い形式で構成しています。

本番の検査で、検査員が読み上げる諸注意は、注意（ちゅうい）として各問題に記載しています。

本番だと思って、時間を計りながら、焦らずゆっくりと回答しましょう。

（注）本番の検査では、検査員から「用紙をめくってください」と指示があります。
検査当日は、指示があるまで問題用紙をめくらないようにしてください。

認知機能検査検査用紙

検査用紙への記入をします。

- ご自分の名前を記入してください。ふりがなはいりません。
- ご自分の生年月日を記入してください。

注意
- 間違えたときは二重線で訂正して書き直してください。消しゴムは使えません。
- 検査中の書き間違いはすべて同じように訂正してください。

名　前	
生年月日	大正　　　　　　　　　　　　　　　年　　　　月　　　　日 昭和

記入を終えたら次のページに進んでください。

これから、いくつかの絵を見ていただきます。
後で何の絵があったかをすべて答えていただきますので、よく覚えてください。絵を覚えるためのヒントも出します。ヒントを手がかりに覚えてください。

注意
• 次のページに書かれている絵も一緒に覚えてください。
• 次のページに進んだらこのページには戻らないでください。
• 実際の検査では、検査員が16種類のイラストについてヒントを交えながら説明します。ヒントを手がかりに覚えるようにしてください。

記憶時間：4つの絵を約1分で覚える。

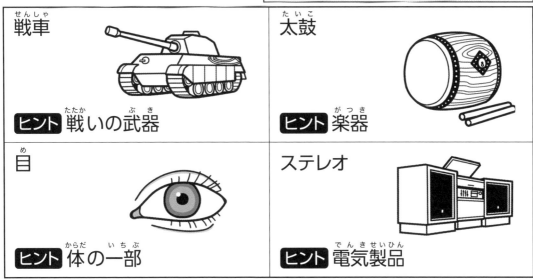

戦車	太鼓
ヒント 戦いの武器	ヒント 楽器
目	ステレオ
ヒント 体の一部	ヒント 電気製品

記憶時間：4つの絵を約1分で覚える。

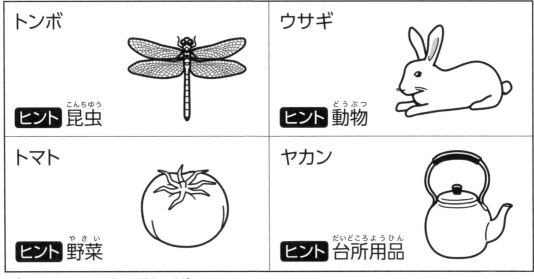

トンボ	ウサギ
ヒント 昆虫	ヒント 動物
トマト	ヤカン
ヒント 野菜	ヒント 台所用品

次のページの絵も必ず覚えるようにしてください。

ヒントを手がかりにすべての絵を覚えてください。

記憶時間：4つの絵を約1分で覚える。

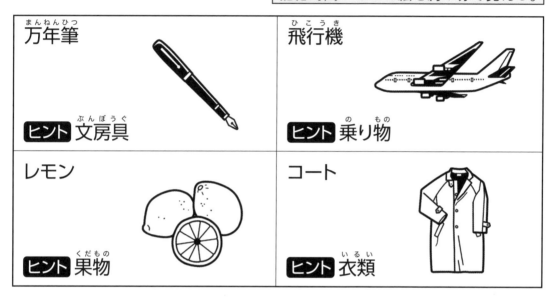

記憶時間：4つの絵を約1分で覚える。

記憶時間が経過したら次のページに進んでください。

問 題 用 紙 1

これから、たくさん数字が書かれた表が出ますので、指示をした数字に斜線を引いてもらいます。

例えば、「1と4」に斜線を引いてくださいと指示された場合は、

➡

| 4 | 3 | 1 | 4 | 6 | 2 | 4 | 7 | 3 | 9 |
| 8 | 6 | 3 | 1 | 8 | 9 | 5 | 6 | 4 | 3 |

と例示のように順番に、見つけただけ斜線を引いてください。

読み終えたら次のページに進んでください。

回 答 用 紙 1

まず「3と9」に斜線を引いてください。

（回答時間：30秒）

→

9	3	2	7	5	4	2	4	1	3
3	4	5	2	1	2	7	2	4	6
6	5	2	7	9	6	1	3	4	2
4	6	1	4	3	8	2	6	9	3
2	5	4	5	1	3	7	9	6	8
2	6	5	9	6	8	4	7	1	3
4	1	8	2	4	6	7	1	3	9
9	4	1	6	2	3	2	7	9	5
1	3	7	8	5	6	2	9	8	4
2	5	6	9	1	3	7	4	5	8

次は同じ用紙の「1と2と4」に斜線を引いてください。

（回答時間：30秒）

記入を終えたら次のページに進んでください。

問題用紙 2

少し前に、何枚かの絵をお見せしました。何が描かれていたのかを思い出して、できるだけ全部書いてください。

注意
- 回答中は前のページに戻って絵を見ないようにしてください。
- 回答の順番は問いません。
- 回答は漢字でもカタカナでもひらがなでも構いません。
- 間違えた場合は二重線で訂正してください。

読み終えたら次のページに進んでください。

回答用紙 2

（回答時間：3分）

1.	9.
2.	10.
3.	11.
4.	12.
5.	13.
6.	14.
7.	15.
8.	16.

記入を終えたら次のページに進んでください。

問題用紙 3

今度は回答用紙の左側に、ヒントが書いて
あります。

それを手がかりに、もう一度、何が描かれ
ていたのかを思い出して、できるだけ全部
書いてください。

注意
- それぞれのヒントに対して回答は1つだけです。2つ以上は書かないでください。
- 回答は漢字でもカタカナでもひらがなでも構いません。
- 間違えた場合は二重線で訂正してください。

読み終えたら次のページに進んでください。

（回答時間：3分）

1. 戦いの武器	9. 文房具
2. 楽器	10. 乗り物
3. 体の一部	11. 果物
4. 電気製品	12. 衣類
5. 昆虫	13. 鳥
6. 動物	14. 花
7. 野菜	15. 大工道具
8. 台所用品	16. 家具

記入を終えたら次のページに進んでください。

問題用紙 4

この検査には、5つの質問があります。

左側に質問が書いてありますので、それぞれの質問に対する答を右側の回答欄に記入してください。

答が分からない場合には、自信がなくても良いので思ったとおりに記入してください。

空欄とならないようにしてください。

読み終えたら次のページに進んでください。

回答用紙4

以下の質問にお答えください。（回答時間：2分）

注意
- 質問の中に「何年」の質問があります。これは「なにどし」ではありません。干支で回答しないでください。
- 「何年」の回答は、西暦でも和暦でも構いません。和暦とは「元号」を用いた言い方のことです。

質　問	回　答
今年は何年ですか？	年
今月は何月ですか？	月
今日は何日ですか？	日
今日は何曜日ですか？	曜日
今は何時何分ですか？	時　　分

以上で模擬検査は終了です。75〜76ページの解答・解説をもとに採点を行い、77ページの判定方法で分類を確認してください。

本番そっくり！

「認知機能検査」の

第2回 模擬検査

この模擬検査は、本番の筆記受検の検査にできる限り近い形式で構成しています。

本番の検査で、検査員が読み上げる諸注意は、 注意（ちゅうい） として各問題に記載しています。

本番だと思って、時間を計りながら、焦らずゆっくりと回答しましょう。

（注）本番の検査では、検査員から「用紙をめくってください」と指示があります。
　　　検査当日は、指示があるまで問題用紙をめくらないようにしてください。

認知機能検査検査用紙

検査用紙への記入をします。

・ご自分の名前を記入してください。ふりがなはいりません。

・ご自分の生年月日を記入してください。

注意 ・間違えたときは二重線で訂正して書き直してください。消しゴムは使えません。

・検査中の書き間違いはすべて同じように訂正してください。

名前	
生年月日	大正 昭和 　　　　　　　　　　年　　　　月　　　　日

記入を終えたら次のページに進んでください。

これから、いくつかの絵を見ていただきます。
後で何の絵があったかをすべて答えていただきますので、よく覚えて
ください。絵を覚えるためのヒントも出します。ヒントを手がかりに
覚えてください。

注意	• 次のページに書かれている絵も一緒に覚えてください。
	• 次のページに進んだらこのページには戻らないでください。
	• 実際の検査では、検査員が16種類のイラストについてヒントを交えながら説明します。ヒントを手がかりに覚えるようにしてください。

記憶時間：4つの絵を約1分で覚える。

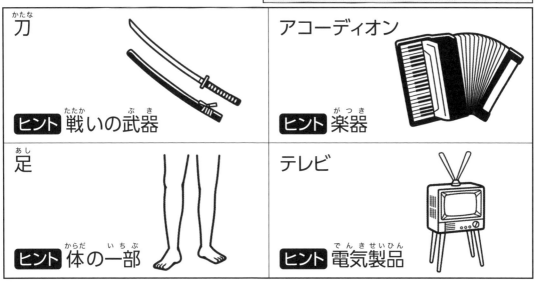

刀
ヒント 戦いの武器

アコーディオン
ヒント 楽器

足
ヒント 体の一部

テレビ
ヒント 電気製品

記憶時間：4つの絵を約1分で覚える。

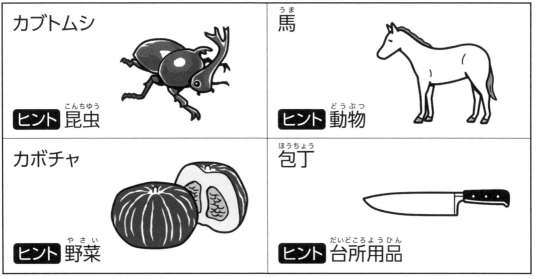

カブトムシ
ヒント 昆虫

馬
ヒント 動物

カボチャ
ヒント 野菜

包丁
ヒント 台所用品

次のページの絵も必ず覚えるようにしてください。

ヒントを手がかりにすべての絵を覚えてください。

注意 ・すべて覚えられたか不安になっても前のページに戻らないでください。

記憶時間：4つの絵を約1分で覚える。

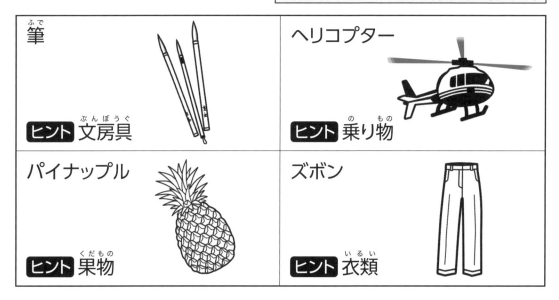

筆
ヒント 文房具

ヘリコプター
ヒント 乗り物

パイナップル
ヒント 果物

ズボン
ヒント 衣類

記憶時間：4つの絵を約1分で覚える。

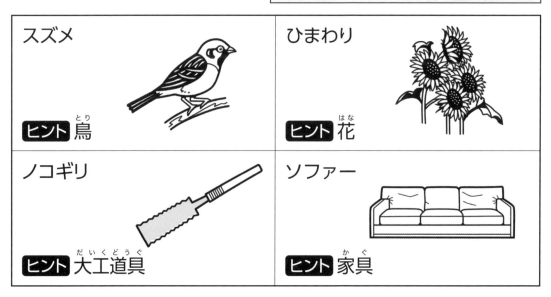

スズメ
ヒント 鳥

ひまわり
ヒント 花

ノコギリ
ヒント 大工道具

ソファー
ヒント 家具

記憶時間が経過したら次のページに進んでください。

これから、たくさん数字が書かれた表が出ますので、指示をした数字に斜線を引いてもらいます。

例えば、「1と4」に斜線を引いてくださいと指示された場合は、

➡

| 4 | 3 | 1 | 4 | 6 | 2 | 4 | 7 | 3 | 9 |
| 8 | 6 | 3 | 1 | 8 | 9 | 5 | 6 | 4 | 3 |

と例示のように順番に、見つけただけ斜線を引いてください。

読み終えたら次のページに進んでください。

まず「2と5」に斜線を引いてください。
（回答時間：30秒）

→

9	3	2	7	5	4	2	4	1	3
3	4	5	2	1	2	7	2	4	6
6	5	2	7	9	6	1	3	4	2
4	6	1	4	3	8	2	6	9	3
2	5	4	5	1	3	7	9	6	8
2	6	5	9	6	8	4	7	1	3
4	1	8	2	4	6	7	1	3	9
9	4	1	6	2	3	2	7	9	5
1	3	7	8	5	6	2	9	8	4
2	5	6	9	1	3	7	4	5	8

次は同じ用紙の「3と6と9」に斜線を引いてください。
（回答時間：30秒）

記入を終えたら次のページに進んでください。

問題用紙2

少し前に、何枚かの絵をお見せしました。何が描かれていたのかを思い出して、できるだけ全部書いてください。

注意
- 回答中は前のページに戻って絵を見ないようにしてください。
- 回答の順番は問いません。
- 回答は漢字でもカタカナでもひらがなでも構いません。
- 間違えた場合は二重線で訂正してください。

読み終えたら次のページに進んでください。

1.	9.
2.	10.
3.	11.
4.	12.
5.	13.
6.	14.
7.	15.
8.	16.

記入を終えたら次のページに進んでください。
きにゅう お つぎ すす

問　題　用　紙　3

今度は回答用紙の左側に、ヒントが書いて
あります。

それを手がかりに、もう一度、何が描かれ
ていたのかを思い出して、できるだけ全部
書いてください。

注意
- それぞれのヒントに対して回答は1つだけです。2つ以上は
  書かないでください。
- 回答は漢字でもカタカナでもひらがなでも構いません。
- 間違えた場合は二重線で訂正してください。

読み終えたら次のページに進んでください。

71

回答用紙 3

（回答時間：3分）

1. 戦いの武器	9. 文房具
2. 楽器	10. 乗り物
3. 体の一部	11. 果物
4. 電気製品	12. 衣類
5. 昆虫	13. 鳥
6. 動物	14. 花
7. 野菜	15. 大工道具
8. 台所用品	16. 家具

記入を終えたら次のページに進んでください。

問 題 用 紙 4

この検査には、５つの質問があります。

左側に質問が書いてありますので、それぞれの質問に対する答を右側の回答欄に記入してください。

答が分からない場合には、自信がなくても良いので思ったとおりに記入してください。

空欄とならないようにしてください。

読み終えたら次のページに進んでください。

回答用紙 4

以下の質問にお答えください。（回答時間：2分）

注意
- 質問の中に「何年」の質問があります。これは「なにどし」ではありません。干支で回答しないでください。
- 「何年」の回答は、西暦でも和暦でも構いません。和暦とは「元号」を用いた言い方のことです。

質問	回答
今年は何年ですか？	年
今月は何月ですか？	月
今日は何日ですか？	日
今日は何曜日ですか？	曜日
今は何時何分ですか？	時　分

以上で模擬検査は終了です。75～76ページの解答・解説をもとに採点を行い、77ページの判定方法で分類を確認してください。

模擬検査の解答・解説

模擬検査の答え合わせをしましょう。判定の際はただ点数を加点するだけでなく、計算式を用いる必要があります。判定方法は77ページで紹介しています。

【手がかり再生（58／60・70／72ページ）】

得点 最大**32**点

解答
⑴ 自由回答（58・70ページ）のみ正解 ➡ 1問正解につき **2点**
⑵ 手がかり回答（60・72ページ）のみ正解 ➡ 1問正解につき **1点**
⑶ ⑴と⑵のどちらも正解 ➡ **2点**（両方正解しても3点にはならない）

ヒント	第1回模擬検査	第2回模擬検査
戦いの武器	戦車	刀
楽器	太鼓	アコーディオン
体の一部	目	足
電気製品	ステレオ	テレビ
昆虫	トンボ	カブトムシ
動物	ウサギ	馬
野菜	トマト	カボチャ
台所用品	ヤカン	包丁
文房具	万年筆	筆
乗り物	飛行機	ヘリコプター
果物	レモン	パイナップル
衣類	コート	ズボン
鳥	ペンギン	スズメ
花	ユリ	ひまわり
大工道具	カナヅチ	ノコギリ
家具	机	ソファー

解説 自由回答と手がかり回答を個別で採点して点数を合計するのではなく、両方の回答を合わせて採点してください。

採点ポイント

- 誤字脱字は正解扱いとなります。
- 回答欄に2つ以上の答えを記入すると不正解です。
- ヒントの内容と回答が合っていない場合でも、正しい単語が記入されている場合は正解です（例えば、ヒントが文房具で、回答がカナヅチになっているなど）。

【時間の見当識 (62・74ページ)】

得点 最大**15**点

解答

問題	正解した場合の点数
年	5点
月	4点
日	3点
曜日	2点
時間	1点

解説 この問題の正解は、模擬検査を行った年月日と、検査開始時刻の前後29分以内の時間です。カレンダーや時報「117」で、記入した「年・月・日・曜日・時間」が合っているかどうかを確認します。

採点ポイント

● 「年」の回答は西暦、和暦のどちらでも構いません。ただし和暦の場合は、検査時の元号以外を記入していれば不正解です。

● 検査開始時刻よりも前後30分以上ずれている場合は不正解です。「午前・午後」の記載はあってもなくても構いません。

● 空欄の場合は不正解です。

認知機能検査の判定方法

答え合わせと採点が終わったら分類の判定をします。判定は、2つのテストの点数をただ合計するのではなく、下記の計算式を使って総合点を計算します。

第1回

① 手がかり再生 　□　点 × 2.499 ＝ □　点
② 見当識 　□　点 × 1.336 ＝ □　点

総合点 　① ＋ ② ＝ □　点

第2回

① 手がかり再生 　□　点 × 2.499 ＝ □　点
② 見当識 　□　点 × 1.336 ＝ □　点

総合点 　① ＋ ② ＝ □　点

※小数点以下は切り捨てとなります。

各検査の点数が出たら、総合点を出すための計算を忘れないようにしましょう。

判定結果

総合点が
0 ～ 36点未満

⬇

認知症のおそれがある

総合点が
36点以上

⬇

認知症のおそれなし

高齢になったら考えたい 運転免許の自主返納

◎自主返納ってなに？

　有効期間の残っている運転免許証を返納することです。最近では、自主返納をする人が増えており、返納によって受けられる特典も増えています。

　運転に不安を覚えたり、家族から「運転が心配」といわれたことがある人は、自主返納することを考えてみてもよいでしょう。

◎自主返納の申請方法

　運転免許証の返納は、現在持っている免許証の有効期間内であれば、本人が直接申請することができます。代理人による申請も可能です（ただし、一部申請者や代理人に条件が付く公安委員会もある）。

❶申請の条件

- ●現在持っている免許証が有効期間内である（運転免許の停止・取消しの行政処分を受けている人は申請不可）。
- ●本人、または代理人が必ず申請すること。

❷申請先

- ●警察署
- ●運転免許センター　など

❸必要なもの

- ●運転免許証
  ※代理人申請の場合は、別途書類が必要になります。

くわしくは免許センターや警察署に問い合わせてみましょう。

◉運転免許証を自主返納すれば
　運転経歴証明書がもらえる

（注）身分証明書として対応して
いない機関もあります。

　自主返納をすると「運転経歴証明書」を申請できます。これは、運転免許証を返納した日から、さかのぼって5年間の運転に関する経歴を証明するもので、有効期限はありません。運転経歴証明書を提示すること

により、高齢者運転免許自主返納サポート協議会の加盟店や美術館などで、さまざまな特典を受けることができ、身分証明書としても使えます。交付には手数料1,100円と写真が必要になります。

◉サポカーも検討しよう（2022年5月13日より施行）

　2022年5月13日より新しくサポカー限定免許が創設されました。サポカー（安全運転サポート車）とは、衝突被害軽減ブレーキやペダル踏み間違い急発進抑制装置が搭載された車です。サポカーの利用により、高齢ドライバーによる交通事故の原因の多くを占める運転操作ミスを防ぐことができると考えられます。

　サポカー限定免許とは、サポカーのみ運転できる免許で、申請すれば普通免許からの切り替えが可能です。車が必要な場所に住んでいて免許の自主返納に踏み切れないシニアドライバーや、車の運転に不安がある人にとって新たな選択肢として期待されています。

　サポカー限定免許に切り替えた後はサポカーしか運転することができなくなります。万一普通の車を運転した場合には、違反点数2点が科せられますので注意が必要です。

安全運転相談窓口について

　加齢に伴う身体機能の低下により、自動車の安全運転に不安があるシニアドライバーとそのご家族、また身体障害や病気などにより自動車の安全運転に支障のある方などは、安全運転相談窓口に相談することができます。窓口は免許センターや警察署に設けられていますので、不安な人は相談してみましょう。

【監修】

米山公啓 （よねやま・きみひろ）

医学博士・神経内科医。聖マリアンナ医科大学医学部卒業。同大学で超音波を使った脳血流量の測定や、血圧変動からみた自律神経機能の評価などを研究。現在は東京・あきる野市にある米山医院で診療を続けながら、脳の活性化、認知症予防、老人医療などをテーマに著作・講演活動を行っている。
『いちばんわかりやすい 運転免許 認知機能検査ブック』（永岡書店）、『長生きの方法○と×』（筑摩書房）、『認知症を予防する1日遅れの日記帳』（径書房）、『脳がみるみる若返るぬり絵』（西東社）など著書・監修書多数。

吉本衞司 （よしもと・えいじ）

元・調布自動車学校教官。2018年3月まで、普通車・大型自動二輪車の教習や検定などに携わり、高齢ドライバーの認知機能検査や高齢者講習の検査官を担当。また、シンガポールの自動車学校、『コンフォート ドライビングセンター』が自動二輪教習・オートマチック車の教習を開始するにあたり、1999年及び2003年に、インストラクターに対し技能教習の指導法などを指導。

【STAFF】
イラスト　林宏之
デザイン　加藤朝代（編集室クルー）
編集協力　有限会社ヴュー企画
校　　正　有限会社くすのき舎

これでカンペキ！
運転免許 認知機能検査 合格対策ブック

2022年　6月10日　第1刷発行
2022年12月10日　第3刷発行

監修者　米山公啓
　　　　吉本衞司
発行者　永岡純一
発行所　株式会社永岡書店
　　　　〒176-8518　東京都練馬区豊玉上1-7-14
　　　　代表☎ 03（3992）5155　編集☎ 03（3992）7191
ＤＴＰ　編集室クルー
印　刷　精文堂印刷
製　本　ヤマナカ製本